Tushar J. Karkar
Bonny Y. Patel
Malay J. Bhatt

Compostos heterocíclicos no âmbito da química medicinal

Tushar J. Karkar
Bonny Y. Patel
Malay J. Bhatt

Compostos heterocíclicos no âmbito da química medicinal

Imprint
Any brand names and product names mentioned in this book are subject to trademark, brand or patent protection and are trademarks or registered trademarks of their respective holders. The use of brand names, product names, common names, trade names, product descriptions etc. even without a particular marking in this work is in no way to be construed to mean that such names may be regarded as unrestricted in respect of trademark and brand protection legislation and could thus be used by anyone.

Cover image: www.ingimage.com

This book is a translation from the original published under ISBN 978-3-659-55295-3.

Publisher:
Sciencia Scripts
is a trademark of
Dodo Books Indian Ocean Ltd. and OmniScriptum S.R.L publishing group

120 High Road, East Finchley, London, N2 9ED, United Kingdom
Str. Armeneasca 28/1, office 1, Chisinau MD-2012, Republic of Moldova, Europe
Printed at: see last page
ISBN: 978-620-7-77738-9

DEDICADO À MINHA FAMÍLIA

Ackwnvkdgement

Gostaria de agradecer aos meus pais e aos meus amigos, Dr. Bonny Y Patel e Dr. Malay J Bhatt, pelo seu apoio e cooperação constantes para a realização deste projeto. Por último, gostaria de agradecer ao J N M Patel Science College (DRB), Bharthana (Vesu), Surat, por me ter proporcionado infra-estruturas e outras instalações para o meu trabalho.

Gostaria de exprimir os meus sinceros agradecimentos ao meu respeitado tio Dr. D R Korat, ex-vice-reitor da Universidade M K Bhavnagar, Bhavnagar, por nos ter inspirado durante o nosso percurso educativo.

Agradecer-lhe,

Dr. Tushar J Karkar

Mestre em Ciências, Doutor em Ciências

Professor Assistente

J N M Patel Science College (DRB) Bharthana (Vesu), Surat (Gujarat), Índia.

ÍNDICE DE CONTEÚDOS:

CAPÍTULO 1

➢ Introdução aos compostos heterocíclicos e à química medicinal

A química medicinal ou farmacêutica é uma disciplina na intersecção da química e da farmacologia envolvida na conceção, síntese e desenvolvimento de medicamentos. A química medicinal envolve a identificação, a síntese e o desenvolvimento de novas entidades químicas adequadas para utilizações terapêuticas. Inclui também o estudo dos medicamentos existentes, das suas propriedades biológicas e das suas relações quantitativas estrutura-atividade (QSAR). A química farmacêutica centra-se nos aspectos de qualidade dos medicamentos e tem por objetivo garantir a adequação dos medicamentos ao fim a que se destinam.

O principal objetivo da química medicinal é a conceção e a descoberta de novos compostos que possam ser utilizados como medicamentos. Este processo envolve uma equipa de trabalhadores de uma vasta gama de disciplinas, como a química, a biologia, a bioquímica, a farmacologia, a matemática, a medicina e a informática, etc.

Os medicamentos são estritamente definidos como substâncias químicas utilizadas para prevenir ou curar doenças no homem, nos animais e nas plantas. A atividade de um medicamento é o seu efeito farmacológico sobre o sujeito, por exemplo, analgésico ou bloqueador, enquanto a sua potência é a natureza quantitativa desse efeito. Infelizmente, o termo droga é também utilizado pelos meios de comunicação social e pelo público em geral para descrever as substâncias que não podem ser utilizadas como drogas. A heroína, por exemplo, é um analgésico muito eficaz e é utilizada como tal sob a forma de diamorfina em casos terminais de cancro.

A química heterocíclica é a maior das divisões clássicas da química orgânica e está amplamente distribuída na natureza, desempenhando um papel vital no metabolismo das células vivas. As suas aplicações práticas vão desde a utilização clínica extensiva até ao domínio da agricultura, da formulação de biocidas e da ciência dos polímeros. A gama de compostos conhecidos é enorme, abrangendo todo o espetro de propriedades físicas, químicas e biológicas. Assim, no presente projeto poderemos sintetizar alguns compostos heterocíclicos de importância médica.

CAPÍTULO 2

➤ Heterociclos ao serviço da humanidade

Antibióticos: A palavra "antibióticos" vem do grego anti ("contra") e bios ("vida"). Os antibióticos são medicamentos que destroem as bactérias ou impedem a sua reprodução.

Os antibióticos que matam as bactérias são designados por "bactericidas" e os que impedem o crescimento das bactérias são designados por "bacteriostáticos". Os antibióticos antibacterianos podem ser categorizados com base na sua especificidade de alvo: Os antibióticos de "espetro estreito" visam determinados tipos de bactérias, como as bactérias Gram-negativas ou Gram-positivas, enquanto os de largo espetro visam a parede celular bacteriana (penicilinas, cefalosporinas) ou a membrana celular (polimixinas), ou interferem com enzimas bacterianas essenciais (quinolonas, sulfonamidas), sendo geralmente de natureza bactericida. Os que têm como alvo a síntese proteica, como os aminoglicosídeos, os macrólidos e as tetraciclinas, são geralmente bacteriostáticos.

Antibióticos β-lactâmicos: Os antibióticos p-lactâmicos são agentes antimicrobianos úteis e frequentemente prescritos que partilham uma estrutura comum e esta classe inclui a penicilina G (Fig. 1) e a VK (Fig. 2), que são activas contra *cocos* gram-positivos susceptíveis. As penicilinas actuam ligando-se a proteínas específicas de ligação à penicilina (PBPs) na parede celular bacteriana e inibindo a fase final da síntese da parede celular bacteriana, o que resulta na autólise das células bacterianas por enzimas autolisinas.

São comunicadas penicilinas resistentes à penicilinase, como a nafcilina (Fig. 3) e a cloxaciilina (Fig. 4), que são activas contra *Staphylococcus aureus* produtores de penicilinase, a amoxicilina (Fig. 5) e outros agentes com um espetro melhorado para os gram-negativos, especialmente quando combinados com inibidores da P-lactamase, e penicilinas de espetro alargado com atividade contra *Psuedomonas aeruginosa*, como a piperacilina (Fig. 6).

As cefalosporinas de primeira geração incluem a cefradina (Fig. 7) e o cefadroxil (Fig. 8), que tendem a ser antibióticos de largo espetro eficazes contra bactérias gram-positivas e gram-negativas, incluindo *Staphylococcus, Streptococcus, Escherichia coli* e *Klebsiella pneumoniae"*, as cefalosporinas de segunda geração incluem o cefaclor (Fig. 9) e o cefprozil (Fig. 10), os agentes de terceira geração ceftizoxima (Fig. 11) e ceftriaxona (Fig. 12) tendem a ser mais eficazes contra espécies de bactérias gram-negativas resistentes às cefalosporinas de primeira geração. As cefalosporinas de segunda geração provaram ser eficazes contra a gonorreia, o Haemophilus influenzae e os abcessos causados pelo Bacteroides fragilis; as cefalosporinas de quarta geração incluem a cefepina (Fig. 13). Têm também uma maior resistência às beta-lactamases do que as cefalosporinas de terceira geração.

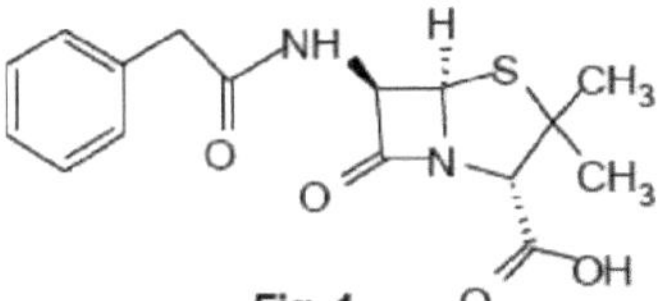

Fig. 1

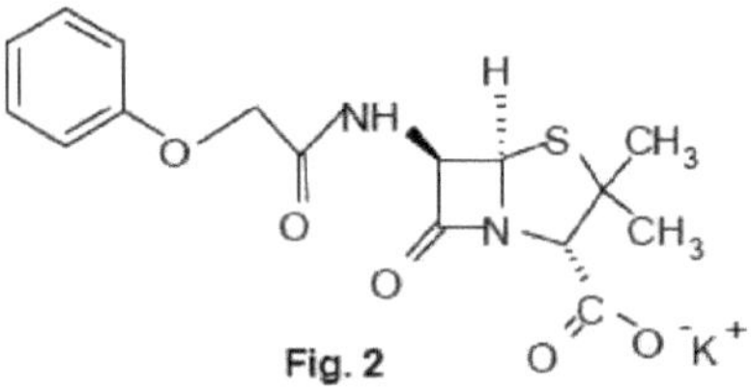

Fig. 2

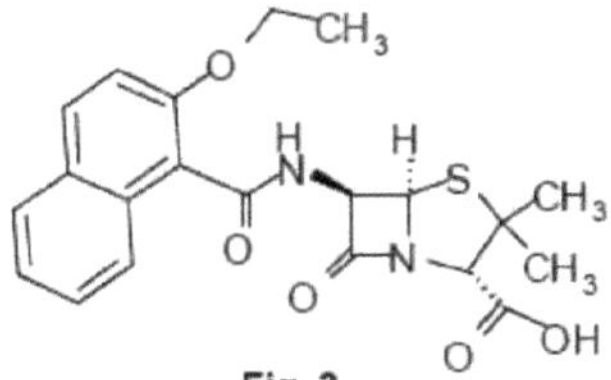

Fig. 3

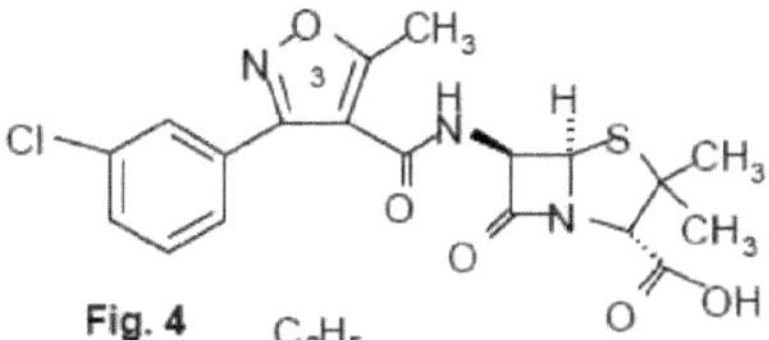

Fig. 4

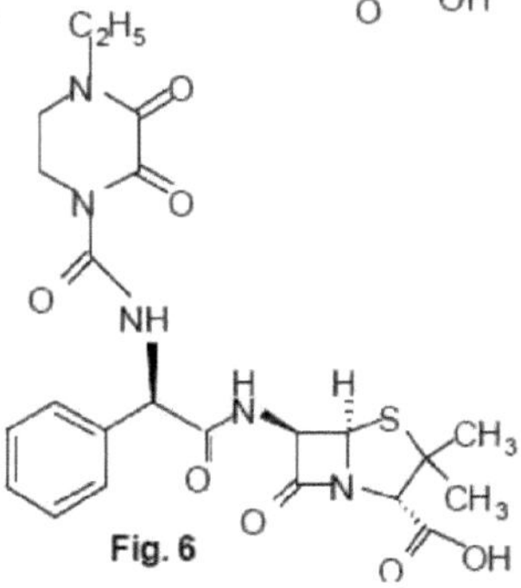

Fig. 5

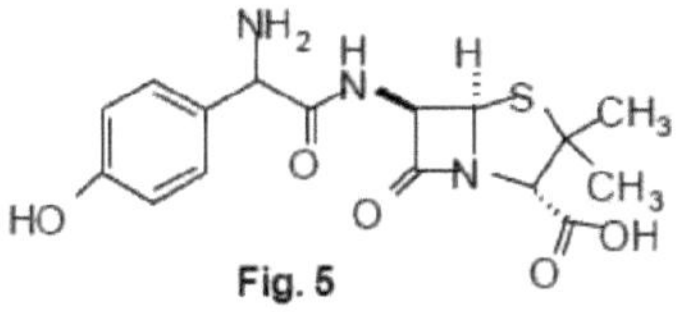

Fig. 6

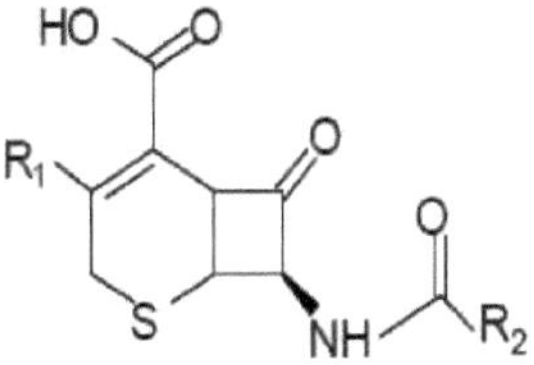

	R_1	R_2
7 ;	CH_3	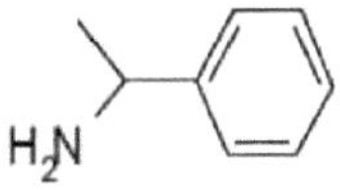
8 ;	CH_3	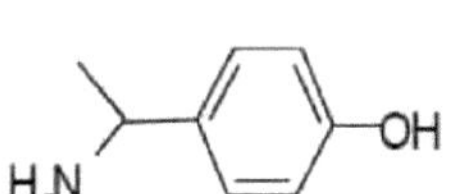
9 ;	Cl	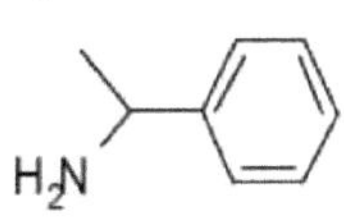

10;

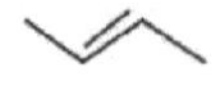

11;   H

12;

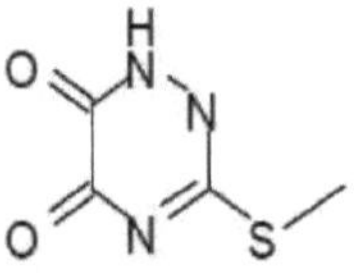

13;

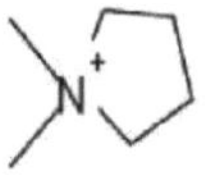

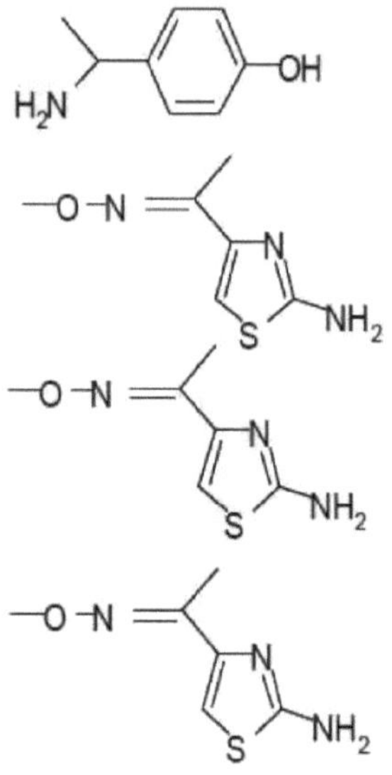

Fig. 7 to Fig. 13

Outros antibióticos P-Lactâmicos:

Agentes terapêuticos importantes com estrutura β-lactâmica que não são penicilinas nem cefalosporinas foram 11111, meropenem e ertapenem são 0-lactâmicos que contêm um anel β-lactâmico e um sistema de anel de cinco membros que difere das penicilinas por ser insaturado e conter um átomo de carbono em vez do átomo de enxofre, têm o espetro antimicrobiano mais amplo de todos os antibióticos, enquanto os monobactâmicos aztreonam têm um espetro gram-negativo semelhante ao dos aminoglicosídeos (1,2).

O ácido clavulânico produzido pela Streptomycin clavuligenus tem uma estrutura química semelhante a alguns β-lactâmicos, por exemplo, a penicilina. Tem pouca ou nenhuma atividade antibacteriana intrínseca própria; em vez disso, é utilizado para aumentar a atividade dos antibióticos através do bloqueio das beta-lactamases bacterianas (3, 4).

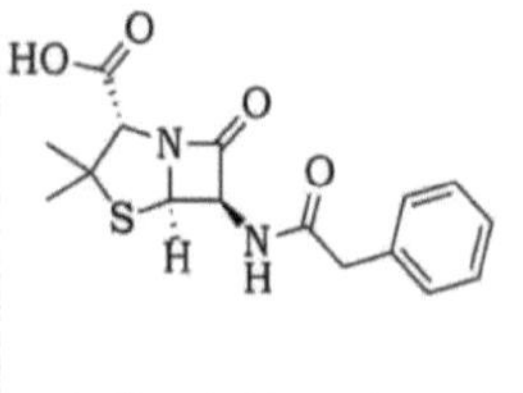

penicillin G (Benzylpenicillin)

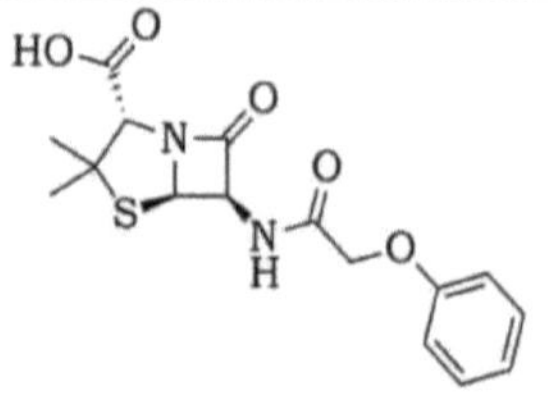

penicillin V (Phenoxymethylpenicillin)

Os antibióticos β-lactâmicos contêm um anel β-lactâmico-1

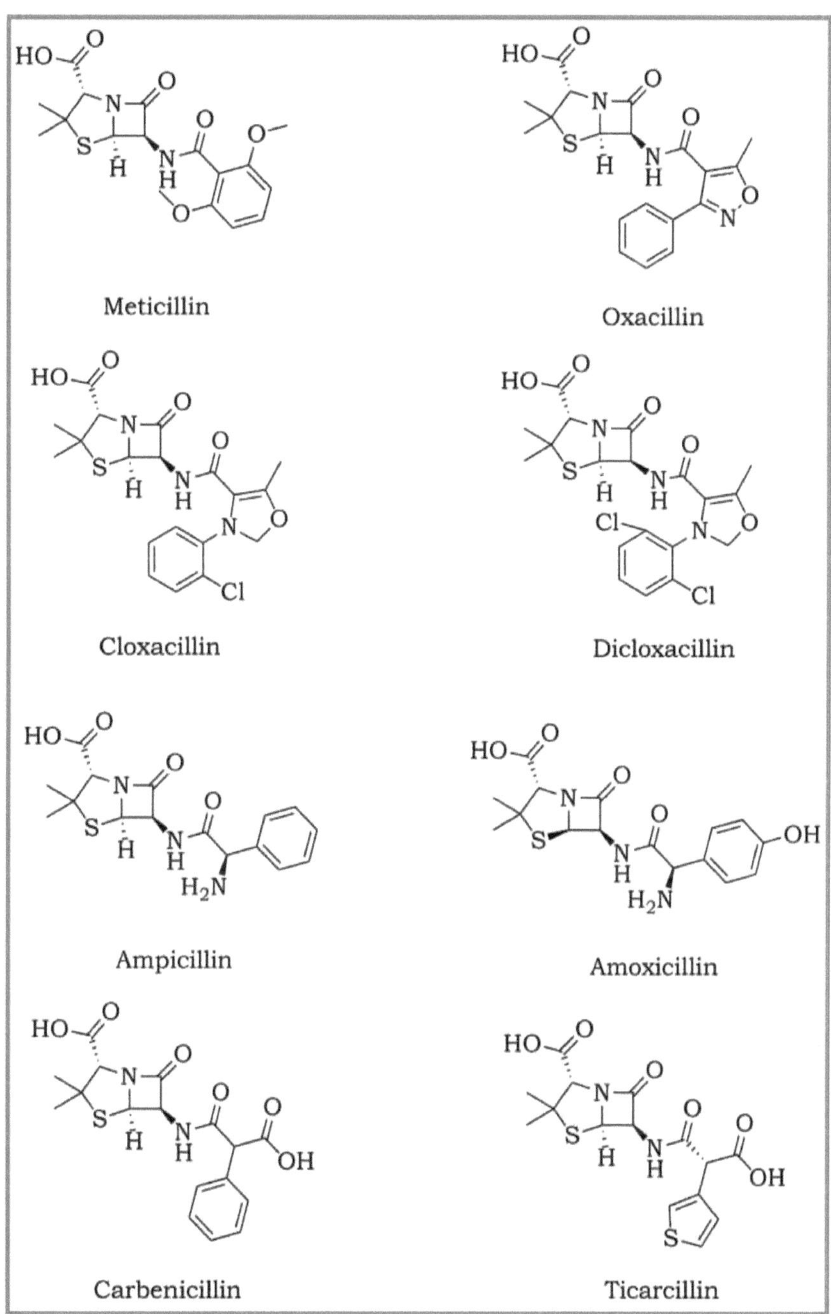

Meticillin

Oxacillin

Cloxacillin

Dicloxacillin

Ampicillin

Amoxicillin

Carbenicillin

Ticarcillin

Os antibióticos β-lactâmicos contêm um anel β-lactâmico-2

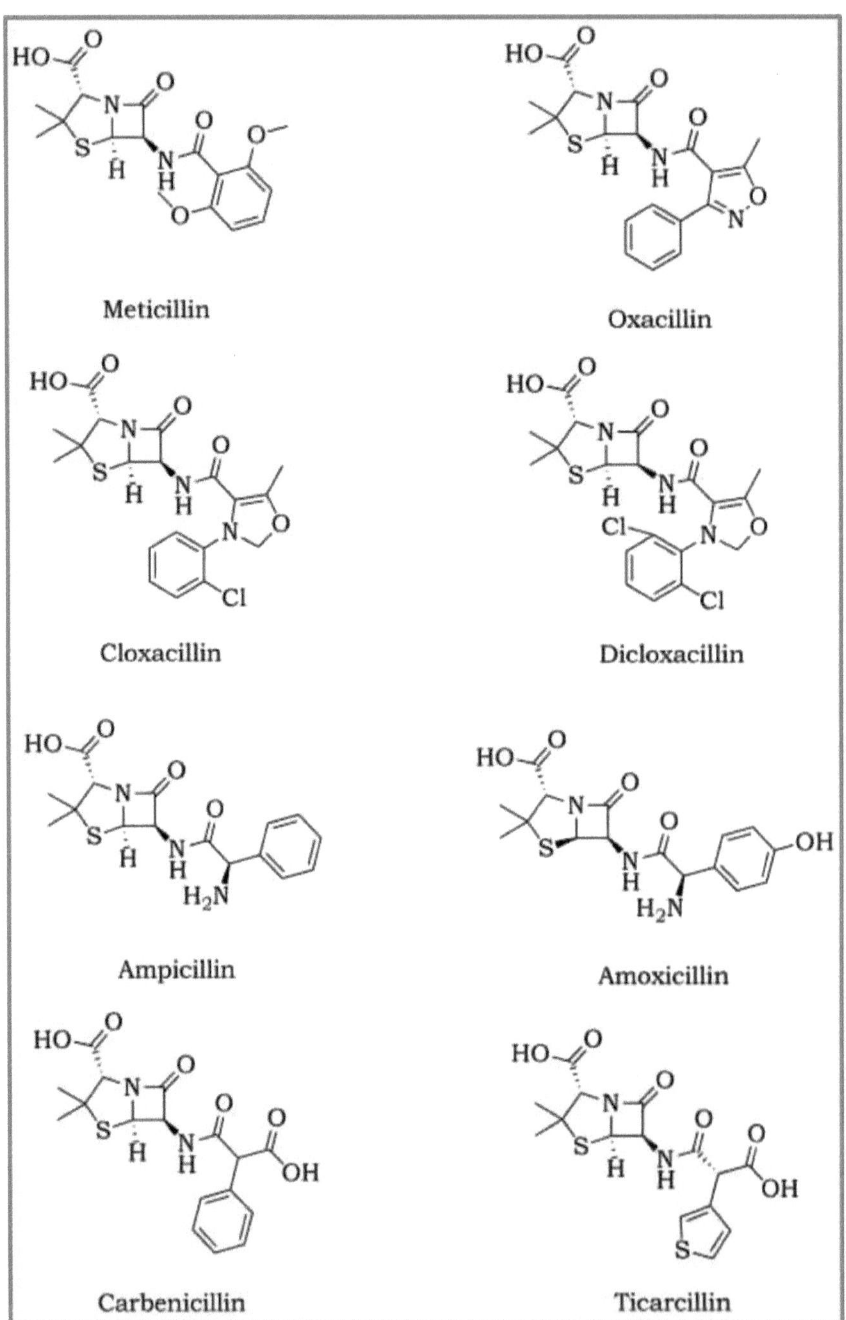

Os antibióticos β-lactâmicos contêm um anel-3 β-lactâmico

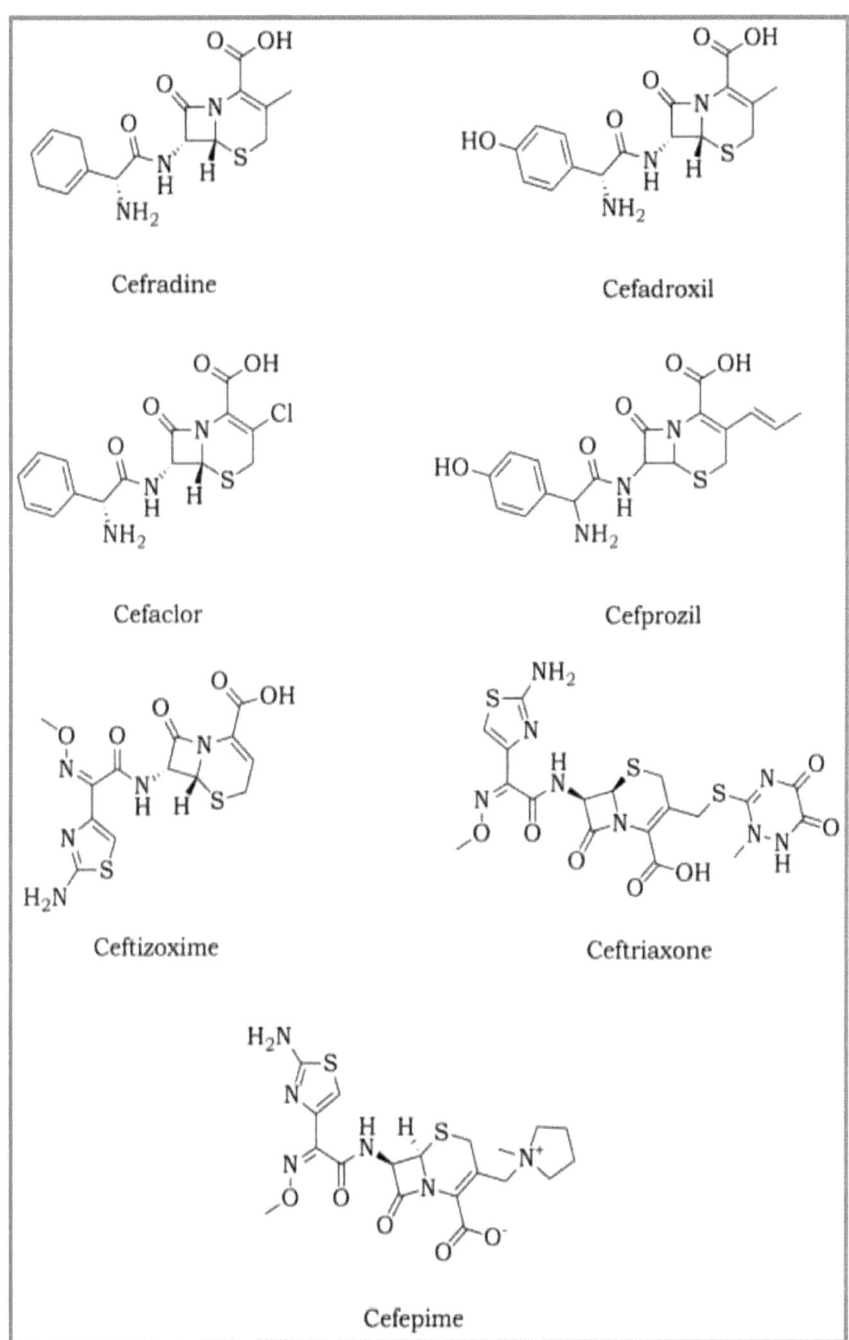

Os antibióticos β-lactâmicos contêm um anel β-lactâmico-4

Antibiotics Currently in Clinical Development

As of February 2014, there are at least 45 new antibiotics[1] with the potential to treat serious bacterial infections in clinical development for the U.S. market. The success rate for drug development is low: at best, only 1 in 5 candidates that enter human testing will be approved for patients.* This snapshot of the antibiotic pipeline will be updated periodically as products advance or are known to drop out of development. Please contact Rachel Zetts at rzetts@pewtrusts.org or 202-540-6557 with additions or updates.

Drug Name	Development Phase[2]	Company	Drug Class	Cited for Potential Activity Against Gram-Negative Pathogens?[3]	Known QIDP[4] Designation?	Potential Indication(s)[5]
Oritavancin	New Drug Application (NDA) submitted	The Medicines Company	Glycopeptide		Yes	**Acute bacterial skin and skin structure infections**
Dalbavancin	New Drug Application (NDA) submitted	Durata Therapeutics	Lipoglycopeptide		Yes	**Acute bacterial skin and skin structure infections**
Tedizolid	NDA submitted (for acute bacterial skin and skin structure infection indication)	Cubist Pharmaceuticals	Oxazolidinone		Yes	**Acute bacterial skin and skin structure infections, hospital acquired bacterial pneumonia/ventilator acquired bacterial pneumonia**
ACHN-975	Phase 1	Achaogen	LpxC inhibitor	Yes		Bacterial infections
AFN-1720	Phase 1	Affinium Pharmaceuticals	FabI inhibitor (AFN-1252 pro-drug)			Acute bacterial skin and skin structure infections[6], methicillin-resistant Staphylococcus aureus (MRSA) pulmonary infections in cystic fibrosis patients[6], osteomyelitis[6], bone and joint infections[6]
AZD0914	Phase 1	AstraZeneca	DNA gyrase inhibitor	Yes		Gonococcal infections
Aztreonam+Avibactam[7] (ATM-AVI)	Phase 1	AstraZeneca/Forest Laboratories	Monobactam + novel beta-lactamase inhibitor	Yes		Bacterial infections
BAL30072	Phase 1	Basilea Pharmaceutica	Monosulactam	Yes		Multidrug-resistant Gram-negative bacterial infections[6]
Carbavance	Phase 1	Rempex Pharmaceuticals/the Medicines Co.	Carbapenem (biapenem) + novel boronic beta-lactamase inhibitor	Yes	Yes	**Complicated urinary tract infections, complicated intra-abdominal infections, hospital-acquired bacterial pneumonia/ventilator-associated bacterial pneumonia, febrile neutropenia.**

CAPÍTULO 3

➢ Noções básicas de química medicinal

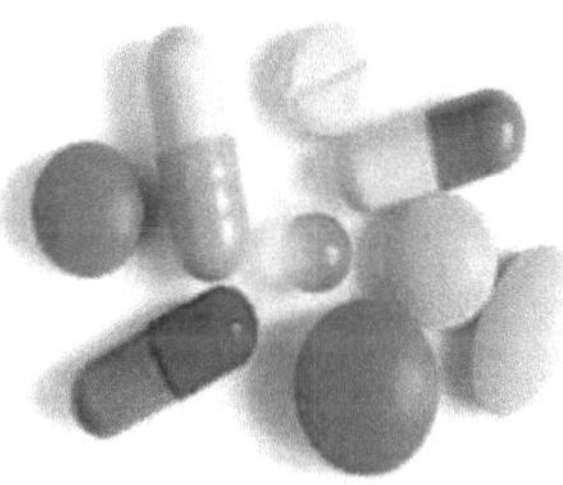

Como definição de trabalho para a Química Medicinal, digamos simplesmente que a química medicinal utiliza princípios físicos orgânicos para compreender a interação de pequenos mostradores moleculares com o domínio biológico. Os princípios físicos orgânicos englobam considerações gerais de conformação, propriedades químicas e potenciais electrostáticos moleculares, bem como parâmetros estereoquímicos, hidrofílicos, electrónicos e estéricos distintamente localizados. A compreensão destas interacções pode fornecer conhecimentos fundamentais e básicos que são gerais, bem como específicos dos compostos nas suas aplicações destinadas a melhorar o perfil global de uma determinada apresentação molecular ou a conceber uma NCE (Novas Entidades Químicas), por exemplo, através de perturbações de processos biológicos discretos ou de vias biológicas globais provocadas por pequenas moléculas, com o objetivo de obter um determinado ponto final terapêutico. As pequenas exposições moleculares devem ser pensadas em termos de compostos de baixo peso molecular que são tipicamente de origem xenobiótica e, portanto, não em termos de polímeros derivados da biotecnologia. Embora estes últimos estejam a ser abordados de forma agressiva por outros domínios, deve notar-se que a consideração de pormenores específicos associados à interação de pequenas porções moleculares de sistemas bio-moleculares mais complexos continua a ser da competência da química medicinal.

Em alternativa, o domínio biológico deve ser considerado de forma muito ampla, ou seja, de modo a abranger toda a gama de novos sistemas relacionados com ADMET (absorção, distribuição, metabolismo, eliminação e toxicidade), bem como a gama tradicional de superfícies biológicas que podem ser exploradas para algum tipo de interação eficaz. As tecnologias que podem ser utilizadas como ferramentas para estudar estas interacções ao nível fundamental de compreensão da química medicinal estão, por intenção, dissociadas da definição de química medicinal. Atualmente, essas ferramentas incluem métodos relacionados com a biotecnologia, como a mutagénese dirigida ao local, métodos de química combinatória, desde que estes últimos sejam associados a bases de dados estruturais geradoras de conhecimentos, e manipulações químicas sintéticas de longa data que podem ser realizadas de forma sistemática em qualquer uma das espécies em interação, a fim de explorar as relações estrutura-atividade (SAR). No futuro, a química medicinal deve estar igualmente preparada para explorar quaisquer novos instrumentos e técnicas que se tornem disponíveis para lhe permitir avançar mais eficientemente de acordo com a sua definição independente da tecnologia.

Por último, deve ter-se em conta que esta definição funde as naturezas básica e aplicada das actividades científicas da química medicinal numa mistura fundamental de esforços para os quais um novo paradigma de investigação foi também recentemente proposto como sendo uma tendência significativa, ainda que potencialmente "perigosa" na medida em que poderia comprometer a prossecução a longo prazo dos conhecimentos fundamentais, introduzindo critérios de decisão de ciência aplicada nos programas de financiamento que anteriormente apoiavam a ciência básica pura.

Sobre os medicamentos

Uma definição muito ampla de medicamento incluiria "todos os produtos químicos, com exceção dos alimentos, que afectam os processos vivos". Se o efeito ajuda o organismo, a droga é um medicamento. No entanto, se uma droga causa um efeito nocivo no corpo, a droga é um veneno. A mesma substância química pode ser um medicamento e um veneno, dependendo das condições de utilização e da pessoa que a utiliza. Outra definição seria "agentes medicinais utilizados para diagnóstico, prevenção, tratamento de sintomas e cura de doenças". Os contraceptivos estariam fora desta definição, a menos que a gravidez fosse considerada uma doença.

Todos os medicamentos têm o potencial de produzir mais do que uma resposta. Algumas reacções adversas inevitáveis que surgem em doses terapêuticas são designadas por efeitos secundários. Em contrapartida, os efeitos adversos que surgem em doses extremas são descritos como efeitos tóxicos.

Classificação dos medicamentos

Existem várias formas de classificar as drogas:

1. De acordo com o seu efeito farmacológico - por exemplo, medicamentos analgésicos que têm um efeito analgésico.
2. Dependendo da sua ação sobre um determinado processo bioquímico - por exemplo, os anti-histamínicos actuam inibindo a ação do agente inflamatório histamina no organismo.
3. De acordo com a sua estrutura química - os medicamentos classificados desta forma partilham uma caraterística estrutural comum e partilham frequentemente uma atividade farmacológica semelhante - por exemplo, a penicilina contém o anel P-lactum e mata as bactérias pelo mesmo mecanismo.
4. De acordo com o seu alvo molecular - esta é a classificação mais útil para o químico medicinal, uma vez que permite a comparação racional das estruturas

envolvidas. Por exemplo, os anticolinesterásicos são compostos que inibem uma enzima chamada acetilcolinesterase.

Muitos medicamentos são ácidos orgânicos ou bases orgânicas que são utilizados como sais. Estes provocam:

(a) Modificações das propriedades físico-químicas, como a solubilidade, a estabilidade, a fotossensibilidade e as características organolépticas.

(b) Melhoria da biodisponibilidade através da modificação da absorção, aumento da potência e extensão do efeito e

(c) Redução da toxicidade.

Propriedades de uma molécula de fármaco

Uma molécula é a partícula mais pequena de uma substância que mantém a identidade química dessa substância. É composta por dois ou mais átomos unidos por ligações químicas (ou seja, pares de electrões partilhados). Embora as moléculas sejam altamente variáveis em termos de estrutura, podem ser organizadas em famílias com base em determinados agrupamentos de átomos chamados grupos funcionais. Um grupo funcional é um conjunto de átomos que reage geralmente da mesma forma, independentemente da molécula em que se encontra. Por exemplo, o grupo funcional do ácido carboxílico (-COOH) confere geralmente a propriedade de acidez a qualquer molécula em que esteja inserido. É a presença de grupos funcionais que determina as propriedades químicas e físicas de uma determinada família de moléculas. Um grupo funcional é um centro de reatividade numa molécula.

Uma *molécula de fármaco* possui um ou mais grupos funcionais posicionados no espaço tridimensional numa estrutura que mantém os grupos funcionais numa disposição geométrica definida que permite que a molécula se ligue especificamente a uma macromolécula biológica alvo, o *receptor*. A estrutura da molécula do fármaco permite assim uma resposta biológica desejada, que deve ser benéfica (inibindo processos patológicos) e que, idealmente, impede a ligação a outros receptores não visados, minimizando assim a probabilidade de toxicidade. A estrutura sobre a qual se encontram os grupos funcionais é normalmente uma estrutura de hidrocarboneto (por exemplo, anel aromático, cadeia de alquilo) e é geralmente inerte do ponto de vista químico, de modo a não participar no processo de ligação.

O quadro estrutural também deve ser relativamente rígido ("conformational constrained") para garantir que o conjunto de grupos funcionais não seja flexível na sua geometria, impedindo assim que o fármaco interaja com receptores não visados através da alteração da sua forma molecular. Para ter êxito no combate a uma doença, uma molécula de fármaco deve ter propriedades adicionais para além da capacidade de se ligar a um local recetor definido. Deve ser capaz de suportar a viagem desde o ponto de administração (ou seja, a boca para um fármaco administrado por via oral) até atingir finalmente o local recetor no interior do organismo (ou seja, o cérebro para um fármaco neurologicamente ativo).

Uma *molécula semelhante a um fármaco* (DLM) possui as propriedades químicas e físicas que lhe permitirão tornar-se uma molécula de fármaco caso seja identificado um recetor adequado *figura-1*. Quais são as propriedades que permitem que uma molécula se torne uma molécula semelhante a um fármaco? Em geral, uma molécula deve ser suficientemente pequena para ser transportada através do corpo, suficientemente hidrofílica para se dissolver na corrente sanguínea e suficientemente lipofílica para atravessar as barreiras de gordura no interior do corpo. Deve também conter grupos polares suficientes para permitir a sua ligação a um recetor, mas não tantos que sejam eliminados demasiado rapidamente do corpo através da urina para exercer um efeito terapêutico. A regra dos cinco de Lipinski quantifica bem estas propriedades.

Ferramentas em química medicinal

As ferramentas da química medicinal mudaram drasticamente ao longo das últimas décadas e continuam a mudar atualmente. A maioria dos químicos medicinais aprende a utilizar estas ferramentas por tentativa e erro quando entra na indústria farmacêutica, um processo que pode demorar muitos anos. Os químicos medicinais continuam a redefinir o seu papel no processo de descoberta de medicamentos, à medida que a indústria se esforça por encontrar um paradigma de sucesso que satisfaça as elevadas expectativas de fornecimento de novos medicamentos. Mas é evidente que, seja qual for o resultado deste novo paradigma, a química sintética e medicinal continuará a desempenhar um papel crucial. Como os capítulos deste volume deixam claro, os medicamentos devem ser sintetizados com sucesso como o primeiro passo para a sua descoberta.

A química medicinal consiste na conceção e síntese de novos compostos, seguida da avaliação dos resultados dos testes biológicos e da geração de uma nova hipótese como base para a conceção e síntese de outros compostos. Este capítulo abordará o papel da química sintética e da química medicinal no processo de descoberta de medicamentos, em preparação para os capítulos seguintes sobre a síntese de medicamentos comercializados. Para ultrapassar os muitos obstáculos à descoberta de um novo fármaco, os químicos medicinais devem concentrar-se na síntese de compostos com propriedades semelhantes às dos fármacos. Uma das primeiras ferramentas desenvolvidas para ajudar os químicos a conceber moléculas mais semelhantes a medicamentos tira partido de uma área totalmente sob o controlo do químico - as propriedades físicas dos compostos que estão a ser concebidos. Estas são as regras desenvolvidas por Chris Lipinski, por vezes referidas como a "Regra dos Cinco" (Ro5), que descrevem os atributos que as moléculas semelhantes a medicamentos geralmente possuem e que os químicos devem tentar imitar.

O Ro5 afirma que as moléculas semelhantes a medicamentos tendem a apresentar quatro propriedades importantes, cada uma relacionada com o número 5

1. A substância deve ter um peso molecular igual ou inferior a 500.
2. Deve ter menos de cinco funções doadoras de ligações de hidrogénio.
3. Deve ter menos de dez funções de aceitação de ligações de hidrogénio.
4. A substância deve ter um *ClogP* calculado entre aproximadamente 1 e 5.

Em suma, o composto deve ter um peso molecular comparativamente baixo, ser relativamente apolar e dividir-se entre uma fase aquosa e uma fase lipídica específica a favor da fase lipídica, mas, ao mesmo tempo, possuir uma solubilidade em água percetível. O Ro5 pode ser aplicado desde a conceção da biblioteca nas fases iniciais da descoberta de medicamentos até ao processo final de afinação que conduz ao composto selecionado para desenvolvimento. Correlacionar a instabilidade microssomal e/ou a absorção/efluxo com as propriedades Ro5 também pode fornecer informações sobre a propriedade mais importante para obter melhorias nestas áreas.

CAPÍTULO 4

➢ O que é a resistência antimicrobiana?

Em 1928, um pedaço de bolor contaminou fortuitamente uma placa de Petri no laboratório de Alexander Fleming no St Mary's Hospital de Londres, e este descobriu que produzia uma substância (penicilina) que matava as bactérias que estava a examinar. Em 12 anos, Fleming e outros tinham transformado esta descoberta num medicamento milagroso para a época, capaz de curar doentes com infecções bacterianas. Outros antibióticos foram descobertos e revolucionaram os cuidados de saúde, tornando-se a base de muitos dos maiores avanços médicos do século XX. Doenças comuns, mas frequentemente mortais, como a pneumonia e a tuberculose (TB), podiam ser tratadas eficazmente. Um pequeno corte já não tinha o potencial de ser fatal se ficasse infetado, e os perigos da cirurgia de rotina e do parto foram amplamente reduzidos. Mais recentemente, os avanços no desenvolvimento de antivirais nos últimos 20 anos transformaram o VIH de uma provável sentença de morte numa doença controlável ao longo da vida.

Mas as bactérias e outros agentes patogénicos sempre evoluíram de forma a poderem resistir aos novos medicamentos que a medicina tem utilizado para os combater. A resistência tornou-se um problema cada vez maior nos últimos anos, porque o ritmo a que estamos a descobrir novos antibióticos abrandou drasticamente, enquanto o uso de antibióticos está a aumentar. E não se trata apenas de um problema confinado às bactérias, mas de todos os micróbios que têm o potencial de sofrer mutações e tornar os nossos medicamentos ineficazes. Os grandes avanços registados nas últimas décadas na luta contra a malária e o VIH podem ser invertidos, com estas doenças a ficarem novamente fora de controlo.

O problema atual

Os efeitos nocivos da resistência antimicrobiana (RAM) já se estão a manifestar em todo o mundo. As infecções resistentes aos antimicrobianos ceifam atualmente pelo menos 50 000 vidas por ano, só na Europa e nos EUA, e muitas centenas de milhares de outras morrem noutras regiões do mundo. Mas as estimativas fiáveis do verdadeiro fardo são escassas. A nível mundial, há uma variação considerável nos padrões da RAM, com países diferentes a registarem frequentemente problemas diferentes. Apesar disso, e ao contrário de algumas questões de saúde, a RAM é um problema que deve preocupar todos os países, independentemente do seu nível de rendimento. Por exemplo, em 15 países europeus, mais de 10% das infecções da corrente sanguínea por Staphylococcus aureus são causadas por estirpes resistentes à meticilina (MRSA), registando-se em vários desses países taxas de resistência próximas dos 50%.

Tal como acontece com todas as doenças infecciosas, a velocidade e o volume das viagens intercontinentais criam atualmente novas oportunidades para a propagação global de agentes patogénicos resistentes aos antimicrobianos. Esta mistura de diferentes

16

micróbios, em especial bactérias, dá-lhes a oportunidade de partilharem o seu material genético entre si, criando novas estirpes resistentes a um ritmo sem precedentes. Por conseguinte, nenhum país pode combater com êxito a RAM actuando isoladamente. A nossa investigação também sublinha que é fundamental atuar rapidamente.

O desenvolvimento da resistência é uma inevitabilidade evolutiva, mesmo quando os antimicrobianos são utilizados de forma correcta e moderada. No entanto, as estimativas de alto nível que encomendámos mostram como é importante que façamos tudo o que estiver ao nosso alcance para abrandar a propagação da resistência e para garantir que somos capazes de atenuar o seu impacto com novos tratamentos eficazes que substituam os que esta torna obsoletos. O valor de um atraso é potencialmente enorme: O estudo da RAND Europe demonstrou que atrasar o desenvolvimento de uma resistência generalizada em apenas 10 anos poderia poupar 65 biliões de dólares da produção mundial até 2050 (Fig. 1). É por esta razão que a revisão está a analisar tão cuidadosamente a forma de conservar os antibióticos existentes no mundo e os que serão desenvolvidos no futuro.

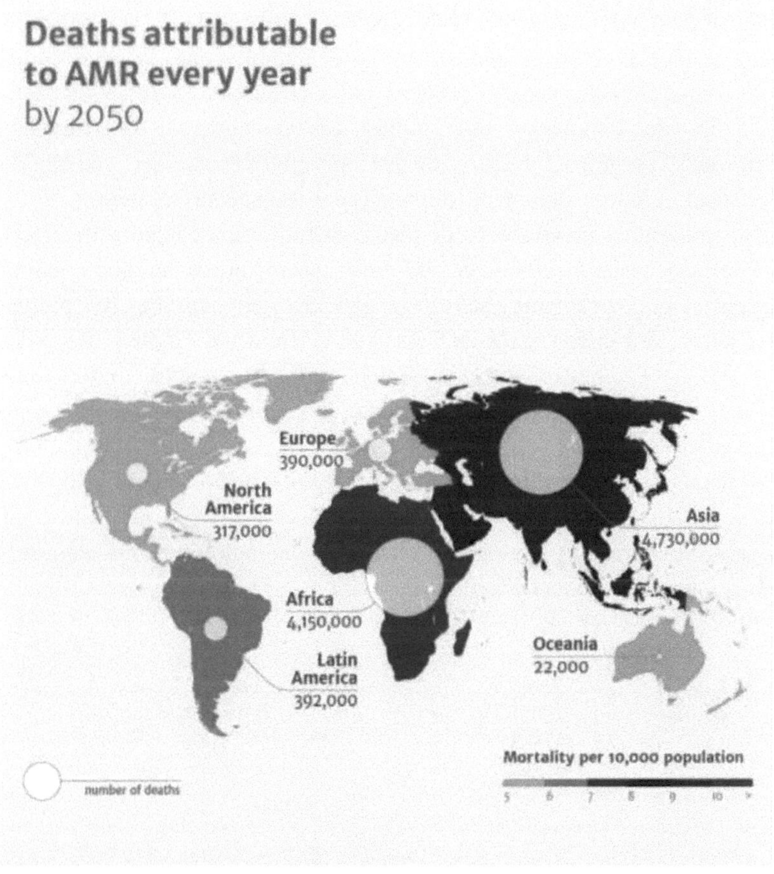

Fig. 1

Resistência antimicrobiana: Sem ação hoje não há cura amanhã

Frequentemente, recomenda-se a utilização de novos agentes antibacterianos com maior potência de largo espetro.

Por conseguinte, esforços recentes têm sido direccionados para a exploração de novos agentes antibacterianos.

Além disso, durante os últimos 20 anos, observou-se um aumento das infecções fúngicas invasivas, particularmente em doentes imunodeprimidos, que são agora causas de morbilidade e mortalidade.

Os dados da autópsia indicam, de facto, que mais de metade dos doentes que morrem com doenças malignas estão infectados com *Candida spp.* e um número crescente com outros fungos.

Desde a descoberta da anfotericina B, foram descobertas várias classes diferentes de agentes antifúngicos.

No entanto, continua a haver uma necessidade crítica de novos agentes antifúngicos para tratar micoses invasivas potencialmente fatais[9]. O desenvolvimento de novos agentes antibióticos está a diminuir de ano para ano, como se pode ver na Fig. 2.

A fim de ultrapassar este rápido desenvolvimento da resistência aos medicamentos, os novos agentes devem, de preferência, ser constituídos por características químicas claramente diferentes das dos agentes existentes.

Nos programas de conceção de medicamentos, uma componente essencial da procura de novas pistas é a síntese de moléculas, que são novas mas que se assemelham a moléculas biologicamente activas conhecidas em virtude da presença de características estruturais críticas. Assim, o aumento global da resistência antimicrobiana, combinado com a rápida taxa de evolução microbiana e o desenvolvimento mais lento de novos antibióticos, sublinha a necessidade urgente de terapêuticas inovadoras.

O desenvolvimento de novos agentes antimicrobianos ou antipatogénicos que actuem sobre novos alvos microbianos é uma necessidade[10]. Assim, este domínio de investigação adquiriu um significado imenso e continua a atrair a atenção de um número crescente de químicos medicinais.

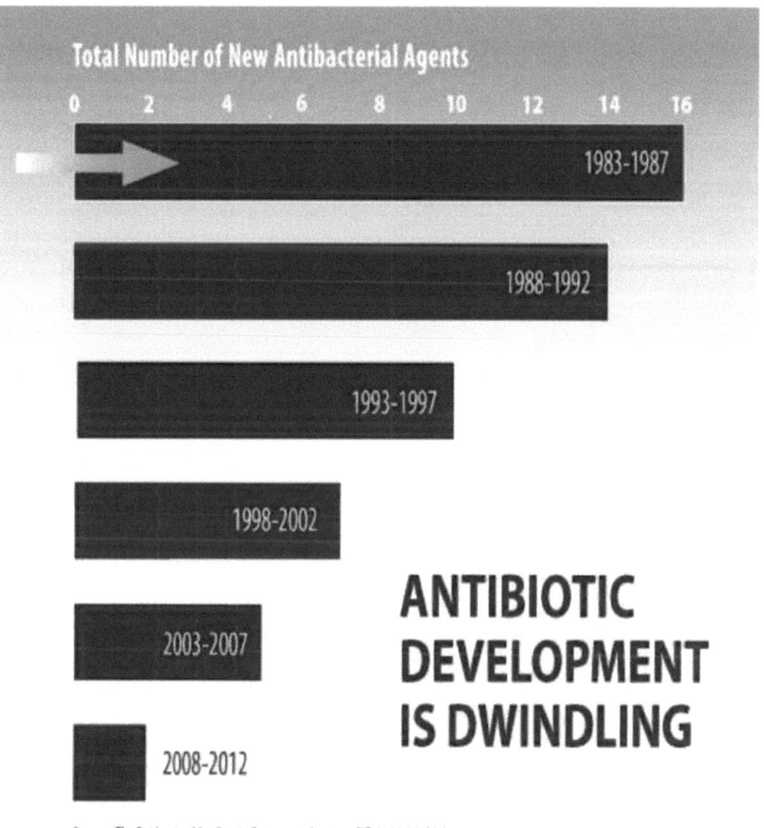

Source: The Epidemic of Antibiotic-Resistant Infections, CID 2008:46 (15 January)
Clin Infect Dis. (2011) May 52 (suppl 5): S397-S428. doi: 10.1093/cid/cir153

Fig. 2

Abordagem híbrida

Algumas combinações de antibióticos são mais eficazes em conjunto do que a eficácia combinada de um único agente. Este facto é designado por sinergismo. A terapia combinada provou o seu valor como terapia mais recente para os antimicrobianos. Alguns agentes bacteriostáticos em novas combinações conferem atividade bactericida. A fim de obter novos medicamentos antimaláricos que sejam acessíveis e capazes de evitar o aparecimento de estirpes resistentes, desenvolveremos moléculas híbridas com um modo de ação duplo (uma "espada de dois gumes") capaz de matar estirpes multi-resistentes por administração oral.

Na presente descrição, (i) as moléculas híbridas são definidas como entidades químicas com dois (ou mais de dois) domínios estruturais com funções biológicas diferentes (a estrutura quimérica é também uma designação possível, mas é preferível a utilização de híbrido) e (ii) a atividade dupla indica que uma molécula híbrida actua como dois farmacóforos distintos. Ambas as entidades da molécula híbrida não actuam necessariamente no mesmo alvo biológico. A conceção de moléculas híbridas com um modo de ação duplo constitui um nicho no vasto campo da descoberta de medicamentos. É uma abordagem possível para criar fármacos através de uma conceção racional de fármacos e pode gerar candidatos a fármacos a um preço razoável. Está longe da química repetitiva e, tal como na "alta-costura", a conceção deve ser boa desde o início para obter rapidamente candidatos a fármacos com uma pontuação elevada nos critérios de fármacos e com a máxima probabilidade de sucesso em ensaios clínicos (Fig. 3).

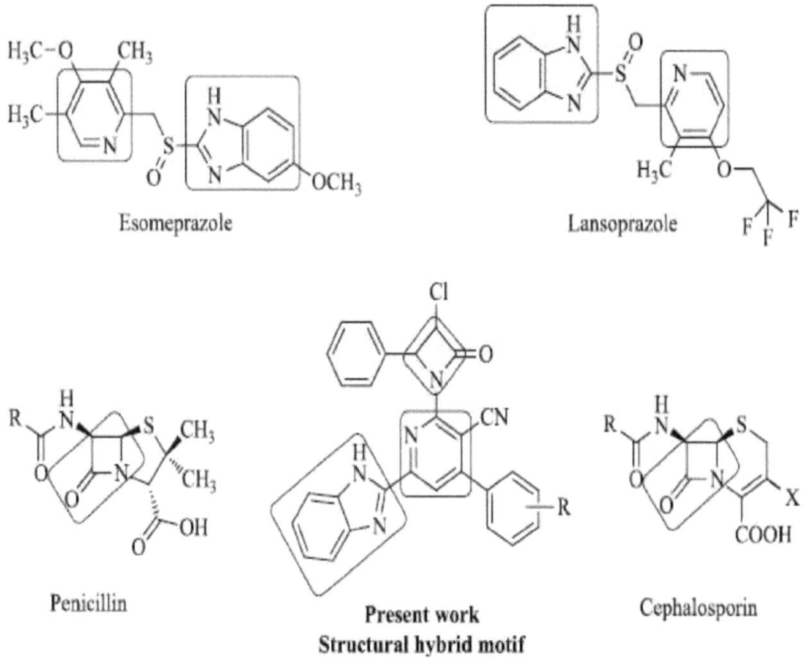

Esomeprazole

Lansoprazole

Penicillin

Present work
Structural hybrid motif
Fig. 3

Cephalosporin

CAPÍTULO 5

➤ Introdução aos agentes antimicrobianos e aos seus diferentes métodos[11]

A luta contra as infecções bacterianas é uma das grandes histórias de sucesso da química medicinal.

As infecções causadas por micróbios como as bactérias, os fungos, os vírus, etc., afectam tanto o homem como os animais. [th]Por isso, esta classe de medicamentos é a maior influência do século XX para a química medicinal.

Tem-se dedicado muita atenção ao aparecimento de um agente antimicrobiano mais potente e eficaz.

As células bacterianas nutrem-se, replicando-se repetidamente para influenciar os grandes números presentes durante uma infeção ou nas superfícies do corpo. Para crescerem e se dividirem, os organismos têm de sintetizar ou absorver muitos tipos de biomoléculas.

Os agentes antimicrobianos podem ser bactericidas, matando a bactéria ou o fungo visado, ou bacteriostáticos, inibindo o seu crescimento. Diferentes medicamentos têm diferentes mecanismos para inibir ou matar os micróbios.

A figura 3 mostra a interferência do agente antibacteriano na célula viva de acordo com o seu local de ação.

Os agentes bacteriostáticos podem ser extremamente vantajosos, uma vez que permitem que a resistência normal do hospedeiro elimine os microrganismos em comparação com os agentes bactericidas, que são mais eficazes.

Por vezes, é vantajoso combinar diferentes agentes antimicrobianos para alargar o espetro de atividade e minimizar a ameaça de evolução da resistência bacteriana.

A célula bacteriana[12]

O sucesso dos agentes antibacterianos deve-se em grande parte ao facto de poderem atuar seletivamente contra as células bacterianas e não contra as células animais.

Isto deve-se, em grande parte, ao facto de as células bacterianas e as células animais diferirem tanto na sua estrutura como nas vias biossintéticas que se processam no seu interior. Vejamos algumas das diferenças entre a célula bacteriana e a célula animal.

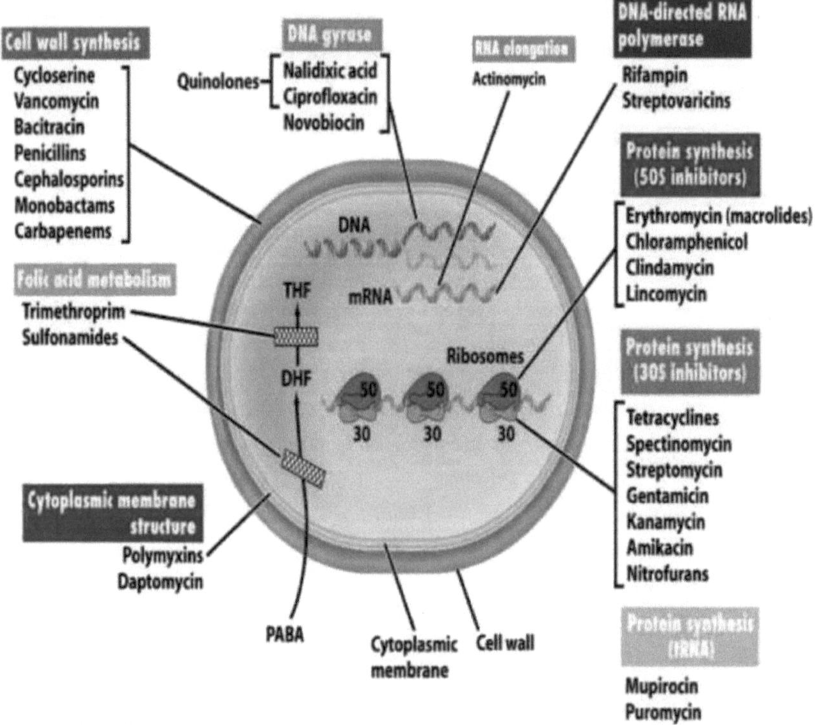

Fig-4

Mecanismos de ação antibacteriana

Os cinco principais mecanismos pelos quais os agentes antibacterianos actuam são:

1. Inibição do metabolismo celular

Os agentes antibacterianos que inibem o metabolismo celular são denominados antimetabolitos. Estes compostos inibem o metabolismo de um microrganismo, mas não o metabolismo do hospedeiro. Fazem-no através da inibição de uma reação catalisada por uma enzima que está presente
na célula bacteriana, mas não nas células animais. Os exemplos mais conhecidos de agentes antibacterianos que actuam desta forma são as sulfonamidas.

2. Inibição da síntese da parede celular bacteriana

A inibição da síntese da parede celular conduz à lise celular bacteriana (rebentamento) e à morte. Os agentes que actuam desta forma incluem as penicilinas e as cefalosporinas. Uma vez que as células animais não possuem parede celular, não são afectadas por estes agentes.

3. Interacções com a membrana plasmática

Alguns agentes antibacterianos interagem com a membrana plasmática das células bacterianas para afetar a permeabilidade da membrana, afectando assim fatalmente a célula. As polimixinas e a tirotricina funcionam através deste mecanismo.

4. Perturbação da síntese proteica

A perturbação da síntese proteica significa que as enzimas essenciais necessárias à sobrevivência da célula deixam de poder ser produzidas. Os agentes que perturbam a síntese proteica incluem as rifamicinas, os aminoglicosídeos, as tetraciclinas e o cloranfenicol.

5. Inibição da transcrição e replicação de ácidos nucleicos

A inibição da função dos ácidos nucleicos impede a divisão celular e/ou a síntese de enzimas essenciais. Os agentes que actuam por este mecanismo são o ácido nalidíxico e a proflavina.

Introdução da atividade antimicrobiana

A doença do legionário, a gripe, a iterícia, a tuberculose, a febre tifoide, as dermatomicoses, a disenteria, a malária, etc. são doenças humanas causadas por microrganismos (bactérias e fungos). Sabe-se também que os animais (infectados com brucelose, tularemia, etc.) e as plantas (infectadas com míldio, ferrugem, smuts, cancros, manchas foliares, etc.) são vítimas de agentes patogénicos microbianos. No corpo humano, o número de células bacterianas é cerca de 10 vezes superior ao número de células humanas, com um grande número de bactérias na pele e no trato digestivo.

Embora a grande maioria destas bactérias se torne inofensiva ou benéfica devido aos efeitos protectores do sistema imunitário, algumas bactérias patogénicas causam doenças infecciosas, incluindo a cólera, a sífilis, o carbúnculo, a lepra e a peste bubónica. As doenças bacterianas mortais mais comuns são as infecções respiratórias, tanto quanto se sabe; a humanidade é estreitamente influenciada pelas actividades dos microrganismos.

Os microrganismos fazem parte da nossa vida de mais formas do que a maioria de nós compreende. Os microrganismos não devem ser considerados separados dos seres humanos, mas devem ser considerados como parte da nossa vida. Os microrganismos têm uma profunda influência benéfica na nossa vida quotidiana. São utilizados no fabrico de produtos lácteos, de certos alimentos, no fabrico de certos produtos químicos e de muitas outras formas.

As bactérias são microorganismos unicelulares. Têm normalmente alguns micrómetros de comprimento e muitas formas, incluindo esferas, bastonetes e espirais. Os microrganismos têm desempenhado um papel importante na guerra, na religião e na migração das populações. O controlo da população microbiana é necessário para evitar a transmissão de doenças, a infeção, a decomposição, a contaminação e a deterioração causadas por eles. O conforto pessoal e a conveniência do homem dependem em grande medida do controlo da população microbiana.

Bactérias

As bactérias são uma forma de vida antiga e bem sucedida, bastante diferente dos eucariotas (que incluem os fungos, as plantas e os animais). São células pequenas, encontradas no ambiente como células individuais ou agregadas como aglomerados, e a sua estrutura intracelular é muito mais simples do que a dos eucariotas. As bactérias têm um único cromossoma de ADN circular que se encontra no citoplasma da célula, uma vez que não possuem um núcleo. De facto, não possuem nenhum dos organelos intracelulares tão característicos das células eucarióticas, como o aparelho de Golgi, o retículo endoplasmático, os lisossomas ou as mitocôndrias. No entanto, são geralmente capazes de "vida livre" e, por conseguinte, possuem toda a maquinaria biossintética necessária para tal, incluindo ribossomas 70S (por oposição às formas maiores 80S encontradas nos eucariotas) distribuídos por todo o citoplasma.

A região mais complexa da célula é frequentemente a superfície celular. A parede celular/membrana externa é descrita abaixo, mas, além disso, algumas bactérias podem segregar uma cápsula polissacárida na sua superfície externa, algumas podem ter flagelos que necessitam para a sua mobilidade e algumas podem ter projecções externas, como fímbrias e pili, que são úteis para a aderência no habitat escolhido. Embora as bactérias sejam geralmente muito mais simples do que as células eucarióticas, são extremamente eficientes dentro do seu pequeno nicho - e isto pode incluir a capacidade de causar infecções humanas. As bactérias ₁₂ multiplicam-se por fissão binária e não existe interação sexual.

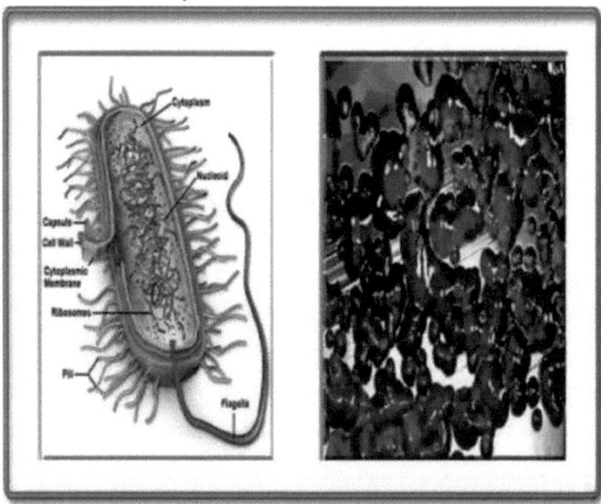

Fig-5.

O nome bactéria foi introduzido por um cientista alemão, Christian Gottfried Ehrenberg, em 1828, para designar pequenos organismos microscópicos com uma forma relativamente simples e primitiva de organização celular conhecida como "procariótica". Ao contrário dos animais e de outros eucariotas, as células bacterianas não contêm um núcleo ou outros organelos ligados à membrana. Embora o termo bactéria incluísse tradicionalmente todos os procariotas, a nomenclatura científica mudou após a descoberta de que a vida procariótica consiste em dois grupos muito diferentes de organismos que evoluíram independentemente de um ancestral comum antigo. Estes domínios evolutivos são designados por Bactérias e Archaea.

O estudo da biologia das bactérias requer alguns conhecimentos sobre a reação de coloração de Gram. Esta técnica é essencial para a identificação e classificação das bactérias. Em 1884, Hans Christian Gram descobriu que as bactérias podiam ser divididas em dois grupos. Neste processo, são vertidos corantes púrpura sobre bactérias que foram espalhadas numa lâmina de microscópio e as paredes celulares das bactérias (feitas de peptidoglicano) absorvem a cor.

Se, em seguida, se aplicar um solvente à lâmina, as bactérias que têm apenas uma parede celular mantêm a sua cor púrpura, mas as bactérias que têm uma membrana celular extra (feita de fosfolípidos) fora da sua parede celular perdem rapidamente a coloração púrpura e tornam-se incolores; para se poderem ver estas bactérias ao microscópio, utiliza-se então uma segunda coloração vermelha.

✓ As bactérias que conseguem manter o corante púrpura original têm apenas uma parede celular - são chamadas Gram positivas.

✓ As bactérias que perdem o corante púrpura original e podem, por isso, absorver o segundo corante vermelho, têm uma parede e uma membrana celular - são designadas por Gram negativas.

As bactérias Gram positivas têm uma parede celular composta por uma única camada espessa de peptidoglicano. As bactérias Gram negativas têm uma parede celular com várias camadas mais finas compostas por peptidoglicano, lipopolissacárido e proteínas. A reação de coloração de Gram pode identificar as bactérias como Gram positivas ou Gram negativas, mas são necessárias colorações potencialmente confusas e microscópios caros. O teste de KOH é um método mais rápido e mais simples para determinar a mesma reação. Quando as células bacterianas Gram negativas são colocadas numa solução alcalina (KOH a 3%), as paredes celulares são destruídas e o conteúdo celular, incluindo o ADN, é libertado. Devido ao facto de a estrutura da sua parede celular ser diferente, as bactérias Gram positivas não sofrem lise em KOH a 3%. O método KOH foi originalmente desenvolvido por um cientista japonês chamado Ryu em 1938.

A coloração de Gram é um instrumento de diagnóstico importante na medicina humana, porque alguns antibióticos são eficazes apenas contra bactérias Gram negativas (por exemplo, eritromicina) e outros apenas contra bactérias Gram positivas (por exemplo, penicilina, actinomicina). As bactérias também causam doenças nas plantas. A maioria das bactérias patogénicas para as plantas são Gram negativas (Agrobacterium, Erwinia, Pseudomonas, Ralstonia e Xanthomonas). Alguns géneros de bactérias encontrados em associação com plantas são Gram positivos (Bacillus, Clavibacter e Streptomyces).

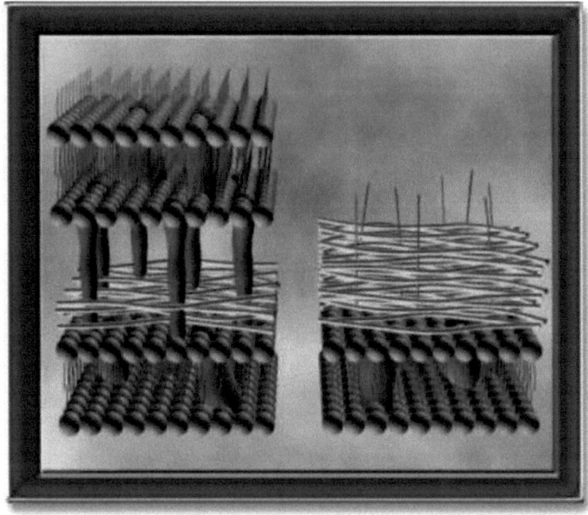

Fig. 6 Diagrama da parede celular de bactérias Gram +ve (esquerda) e Gram -ve (direita)

[Nota chave: Camada de peptidoglicano (amarelo); proteína (púrpura); ácido teicóico (verde); fosfolípido (castanho); lipopolissacárido (laranja)].

Para a avaliação da atividade antibacteriana no nosso caso, utilizámos *Staphylococcus aureus* e *Streptococcus pyogenes* do grupo de bactérias Gram positivas e *Escherichia coli* e *Pseudomonas aeruginosa* do grupo de bactérias Gram negativas.

Métodos de rastreio da atividade antibacteriana

Para a avaliação da atividade antimicrobiana, podem ser utilizados os seguintes métodos: [168] Método turbidométrico, método de diluição em ágar e método de diluição em série.

- Os métodos de diluição do caldo são essencialmente de quatro tipos.
    - ✓ Método de difusão em ágar.
    - ✓ Método do copo de ágar.
    - ✓ Método da vala de ágar.
    - ✓ Método do disco de papel.

O método de diluição em caldo, um teste de suscetibilidade bacteriana *in vitro* não automatizado amplamente utilizado, tem sido utilizado para avaliar a atividade antimicrobiana. É um método clássico que produz um resultado quantitativo para a quantidade de agente antimicrobiano necessária para inibir o crescimento de microrganismos. É efectuado em tubos.

- ✓ Método de macrodiluição em tubos.
- ✓ Formato de microdiluição utilizando tabuleiros de plástico.

✓ No presente protocolo, utilizámos o formato de microdiluição.

Materiais e método

1. Todos os fármacos sintetizados foram utilizados em testes antibacterianos.
2. Foram utilizados todos os controlos necessários, nomeadamente o medicamento, o veículo e o caldo do organismo.

✓ O medicamento Gentamicina foi utilizado como controlo.

✓ O caldo Muller Hinton foi utilizado como meio nutriente para cultivar as estirpes e diluir as suspensões de fármacos para ensaio. Todas as culturas MTCC foram testadas contra os medicamentos conhecidos e desconhecidos acima mencionados.

3. A técnica de diluição em série foi seguida pelo micrométodo, de acordo com o manual NCCLS- 1992.[9]
4. Tamanho do inóculo: O tamanho do inóculo para a estirpe de teste foi ajustado para 10^8 cfu (unidade formadora de colónias) por ml.
5. As estirpes utilizadas para o rastreio das actividades antibacterianas e antifúngicas foram *obtidas no Institute of Microbial Technology* (IMTECH), Chandigarh.

Para o rastreio das actividades antibacterianas e antifúngicas, foram utilizados os seguintes corantes adquiridos no IMTECH-Chandigarh.

✓ *Escherichia coli* (Gram negativa) - MTCC-443

✓ *Pseudomonas aeruginosa* (Gram negativa) - MTCC-1688

✓ *Staphylococcus aureus* (Gram positivo) - MTCC-96

✓ *Streptococcus pyogenes* (Gram positivo) - MTCC-442

✓ *Candida albicans* - MTCC-227

✓ *Aspergillus niger* - MTCC-282

✓ *Aspergillus clavatus* - MTCC-1323

6. O DMSO foi utilizado como diluente/veículo para obter a concentração desejada de fármacos para testar em estirpes bacterianas padrão.

Concentrações inibitórias mínimas para bactérias (MIC)$_B$

A principal vantagem do "Método de Diluição em Caldo" para a determinação da CIM_B reside no facto de poder ser facilmente convertido para determinar também a CIM_B.

1. Foram preparadas diluições em série para o rastreio primário e secundário.
2. O tubo de controlo que não contém antibiótico é imediatamente subcultivado (antes da incubação), espalhando uma alça uniformemente sobre um quarto de placa de meio adequado para o crescimento do organismo testado e incubado a 37°C durante 24 horas.
3. O MIC_B do organismo de controlo é lido para verificar a exatidão das

concentrações do medicamento.

4. A concentração mais baixa que inibe o crescimento do organismo é registada como MIC_B.

5. Todos os tubos que não apresentem crescimento visível (da mesma forma que o tubo de controlo descrito acima) são subcultivados e incubados durante a noite a 37°C.

6. A quantidade de crescimento do tubo de controlo antes da incubação (que representa o inóculo original) foi comparada.

7. As subculturas podem apresentar um número semelhante de colónias, indicando bacteriostática, um número reduzido de colónias - indicando uma atividade bactericida parcial ou lenta e ausência de crescimento - se todo o inóculo tiver sido eliminado. O teste deve incluir um segundo conjunto das mesmas diluições inoculadas com um organismo de sensibilidade conhecida.

Concentrações inibitórias mínimas para fungos (CIM)$_F$

O método de diluição em caldo para a determinação da CIM_F reside no facto de poder ser facilmente convertido para determinar também a CIM_F. A diluição em série foi utilizada no rastreio primário e secundário e o material e o método foram apenas seguidos como uma atividade bacteriocida. O crescimento e a inibição são medidos e o composto é aplicado no método para determinar a atividade em concentração de pg/ml

Métodos utilizados para o rastreio primário e secundário

Cada fármaco sintetizado foi diluído obtendo-se uma concentração de 2000 pg/ml, como solução de reserva.

Rastreio primário: No rastreio primário, foram utilizadas concentrações de 1000, 500, 250 e 125 pg/ml dos fármacos sintetizados. Os fármacos sintetizados activos encontrados neste rastreio primário foram ainda testados num segundo conjunto de diluições utilizadas em triplicado contra todos os microrganismos.

Rastreio secundário: Os fármacos considerados activos no rastreio primário foram diluídos de forma semelhante para obter concentrações de 100, 50, 25, 12,5, 6,250, 3,125 e 1,5625 pg/ml.

As suspensões de 10 pl de cada poço foram inoculadas em meios apropriados e o crescimento foi registado após 24 e 48 horas. A concentração mais baixa, que não mostrou crescimento após subcultura pontual, foi considerada como MIC_B para cada fármaco.

A diluição mais elevada que mostra pelo menos 99% de inibição é considerada como MIC_B- O resultado deste teste é afetado pelo tamanho do inóculo. A mistura de teste deve conter 10^8 organismo/ml.

O medicamento padrão

O fármaco padrão utilizado no presente estudo é a "Gentamicina" para avaliar a atividade antibacteriana, que mostrou 0,25, 0,05, 0,5 e 1 pg/ml MICB em triplicados contra E. *coli, S. aureus, S. pyogenes e P. aeruginosa*, respetivamente. A *"K. Nystatin"* é utilizada como fármaco padrão para a atividade antifúngica, que mostrou 100 pg/ml de MICF em triplicado contra *A. niger, C. albicans* e *A. clavatus* utilizados para a atividade antifúngica.

Fotografias das estirpes utilizadas para as actividades antibacteriana e antifúngica

E. coli   P. aeruginosa   S. aureus

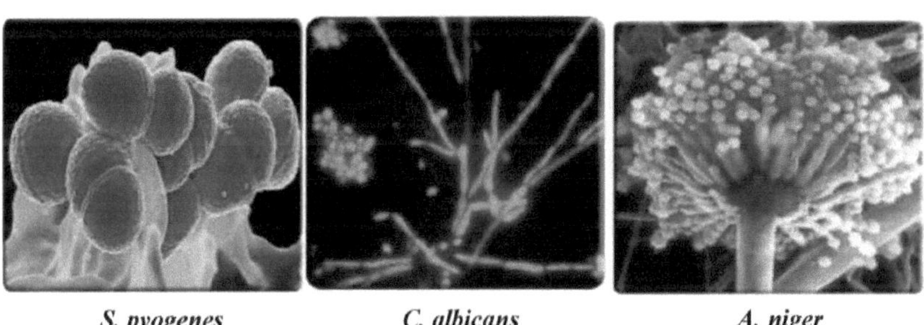

S. pyogenes   C. albicans   A. niger

A. clavatus

Medicamentos antibacterianos e antifúngicos atualmente utilizados

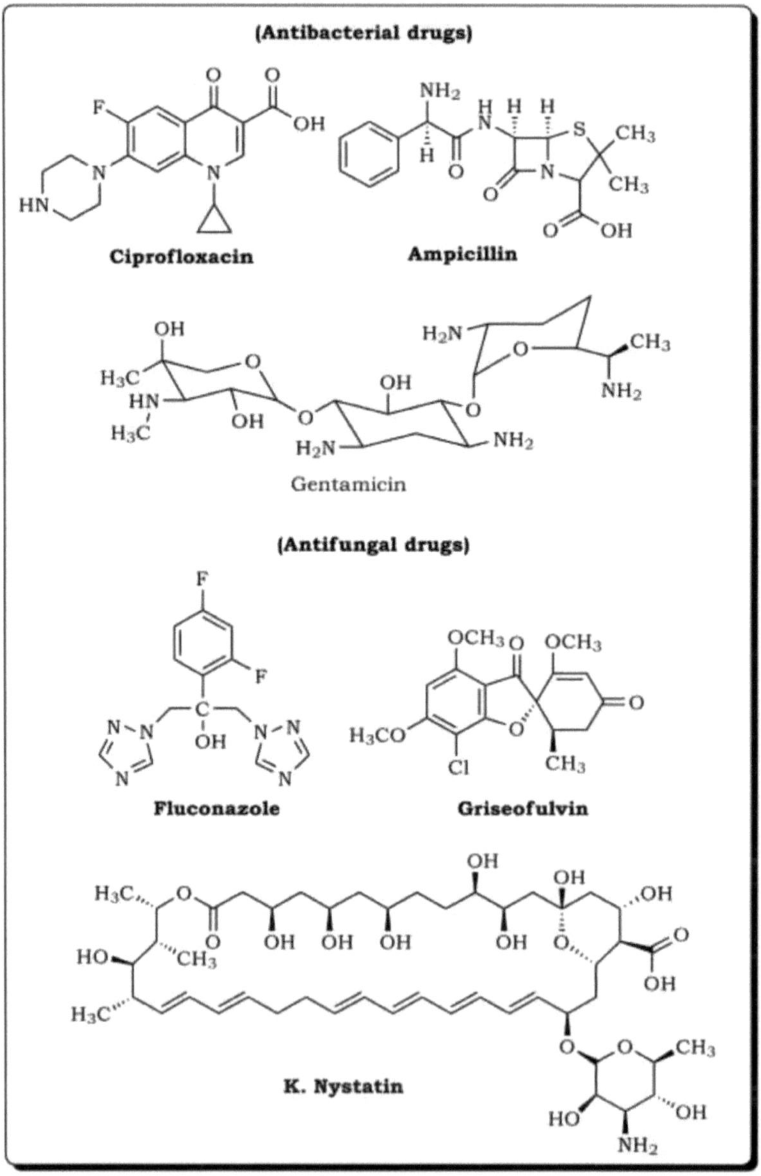

Medicamento antifúngico:

Um medicamento antifúngico é um medicamento utilizado para tratar infecções fúngicas como o pé de atleta, a micose, a candidíase, infecções sistémicas graves como a meningite criptocócica e outras. Os antifúngicos azólicos incluem duas grandes classes, os imidazóis e os triazóis, que inibem a enzima 14-a-esteroldemetilase dependente do citocromo P 450. Vários análogos heterocíclicos dos triazóis utilizados como antifúngicos são o fluconazol, o isavuconazol, o voriconazol, o ravuconazol, o itraconazol e o posaconazol.

As equinocandinas são uma classe nova e única de agentes antifúngicos que actuam na parede celular dos fungos através da inibição não competitiva da síntese de 1,3-glucanos. A equinocandina B consiste num hexapeptídeo cíclico cujo terminal N é acilado com ácido linoleico[14] .

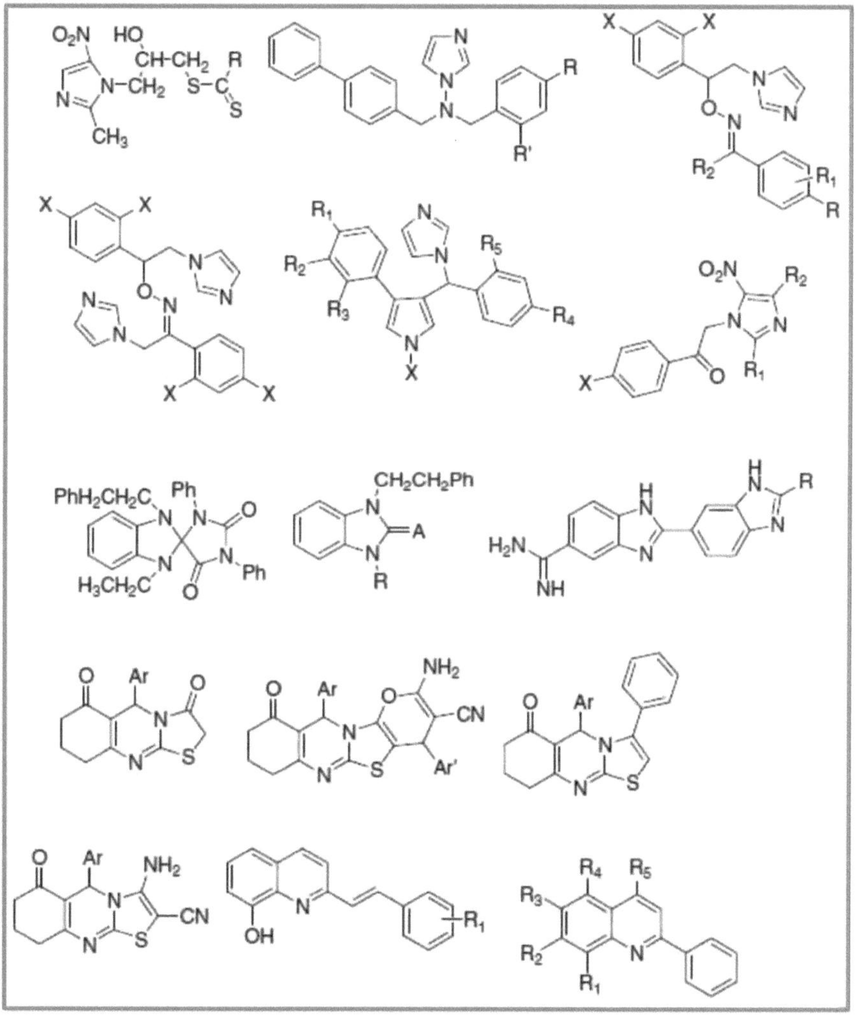

Agentes antifúngicos com vários nulceos como imidazol, benzimidazol, quinazolina e quinolina

Análogos antifúngicos do flucanazol e do triazol-1

Conclusões

Em resumo, os bacteriófagos têm várias características que os tornam agentes terapêuticos potencialmente atractivos. São (i) altamente específicos e muito eficazes na lise de bactérias patogénicas visadas, (ii) seguros, como sublinhado pela sua extensa utilização clínica na Europa de Leste e na antiga União Soviética e pela venda comercial de fagos na década de 1940 nos Estados Unidos, e (iii) rapidamente modificáveis para combater o aparecimento de novas ameaças bacterianas. Além disso, um grande número de publicações, algumas das quais são analisadas nesta mini-revisão, sugerem que os fagos podem ser agentes terapêuticos eficazes em determinados contextos clínicos.

É certo que muitos destes estudos não cumprem as actuais normas rigorosas para os ensaios clínicos e ainda há muitas questões importantes que têm de ser abordadas antes de os fagos líticos poderem ser amplamente aprovados para utilização terapêutica.

No entanto, pensamos que existe um conjunto suficiente de dados - e uma necessidade suficientemente desesperada de encontrar modalidades de tratamento alternativas contra bactérias e fungos resistentes a antibióticos que estão a surgir rapidamente
para justificar mais estudos no domínio da terapia com fagos. Os resultados aqui descritos merecem mais investigações nos nossos laboratórios, utilizando uma

abordagem química avançada para encontrar moléculas líderes como agentes antimicrobianos.

CAPÍTULO 6

➢ Quimioterapia

Paul Ehrlich descobriu o famoso composto organo-arsenical *Salvarsan*, que era ativo contra os organismos causadores da sífilis. O termo quimioterapia foi introduzido por ele para indicar o tratamento de doenças microbianas através da administração de um medicamento que tinha um efeito letal ou inibidor sobre o micróbio responsável. Este foi descrito como uma "bala mágica" que, quando introduzida no corpo, destruiria apenas as bactérias a que se destinava.

Um agente quimioterapêutico é definido em função da sua função e não da sua origem. Estas substâncias são preparadas no laboratório químico ou obtidas a partir de microrganismos e de algumas plantas e animais. A ciência da quimioterapia assenta em muitas disciplinas que incluem a química orgânica, a investigação de produtos naturais, a biologia do invasor e do hospedeiro, a farmacologia, a toxicidade e a terapêutica. O Prontosil (2,4- diamino azobenzeno-4'-sulfon-amida), introduzido por Domagk em 1932, foi o primeiro agente quimioterapêutico ativo contra bactérias. Apesar do seu efeito terapêutico, não tinha atividade antibacteriana *in vitro*.

Durante o século XX, vários compostos foram isolados, sintetizados e sujeitos a uma investigação detalhada da sua estrutura e ação farmacológica. Verificou-se que alguns dos compostos possuíam uma atividade fisiológica definida e, mais tarde, observou-se que a atividade fisiológica está associada a uma unidade estrutural específica e, por conseguinte, à semelhança estrutural de outros compostos. A parte do fármaco que é responsável pela atividade fisiológica real é conhecida como grupo farmacóforo. Este foi ligeiramente modificado pelos processos unitários comuns e simples para dar origem a compostos mais activos com baixa toxicidade. Atualmente, as hipóteses de conceber uma substância química medicinal clinicamente útil são, de facto, muito reduzidas, uma vez que são impostas várias condições restritivas. Mesmo com os melhores resultados laboratoriais, deve ser mantida uma elevada potência no homem. Os efeitos secundários e a toxicidade aguda devem ser mínimos e não deve haver toxicidade crónica.

São quatro as principais abordagens para a descoberta de medicamentos: (i) a expansão de classes de medicamentos conhecidos para abranger organismos resistentes a membros anteriores da classe, (ii) a reavaliação de moléculas inexploradas, (iii) o rastreio clássico de compostos sintéticos e de compostos naturais (iv) a identificação de novos agentes activos contra alvos anteriormente não explorados ou mesmo desconhecidos no agente patogénico.

Características ideais dos agentes quimioterapêuticos

Para que os compostos químicos sejam agentes quimioterapêuticos ideais utilizados no tratamento de infecções microbianas, devem ter as seguintes qualidades

1. **Toxicidade selectiva:** O medicamento deve demonstrar uma toxicidade selectiva. Isto significa que, na concentração óptima, o medicamento deve ser tóxico para o microrganismo, mas não para o hospedeiro.

2. **Espectro antimicrobiano:** O medicamento deve ser capaz de destruir ou inibir muitos tipos de microrganismos patogénicos. Quanto maior for o número de diferentes espécies microbianas patogénicas afectadas, melhor. Por exemplo, os antibióticos mais utilizados são os de largo espetro. Um medicamento de espetro estreito é ativo contra uma ou apenas algumas espécies, quer do grupo Gram-positivo quer do grupo Gram-negativo (por exemplo, a penicilina).

3. **Ausência de efeitos secundários:** O medicamento não deve produzir efeitos secundários indesejáveis, tais como reacções alérgicas, lesões nervosas, irritação dos rins ou danificação das células sanguíneas, etc.

4. **Não tem qualquer efeito destruidor sobre a flora normal:** O medicamento não deve eliminar a flora microbiana normal que inibe o trato intestinal ou outras áreas do corpo. A flora normal também desempenha um papel importante na prevenção do crescimento de agentes patogénicos.

5. **Ausência de inativação:** Se o medicamento for administrado por via oral, não deve ser inactivado pelos ácidos gástricos e deve ser absorvido pelo organismo a partir do trato intestinal. Se for administrado por injeção, não deve ser inactivado por ligação às proteínas do sangue.

6. **Solubilidade nos fluidos corporais:** O fármaco deve ter solubilidade nos fluidos corporais, uma vez que tem de estar numa solução para ser ativo e pode penetrar rapidamente nos tecidos corporais.

7. **Concentração suficiente do fármaco nos tecidos-alvo:** O medicamento deve ser capaz de atingir uma concentração suficientemente elevada nos tecidos ou no sangue do doente para matar ou inibir o agente patogénico.

8. **Baixa taxa de degradação do fármaco: A taxa de degradação** e de excreção do fármaco deve ser suficientemente baixa para que o fármaco permaneça nos tecidos infectados o tempo suficiente para exercer os seus efeitos.

9. **Não desenvolvimento de resistência aos medicamentos:** O medicamento deve inibir os microrganismos de forma a impedir o desenvolvimento de formas de resistência dos agentes patogénicos aos medicamentos.

10. **Viabilidade estável:** O medicamento deve ter uma atividade viável prolongada mesmo quando armazenado à temperatura ambiente.

11. **Facilmente disponível a um custo/preço acessível:** Os médicos devem comparar os agentes quimioterapêuticos disponíveis para selecionar o mais adequado para o tratamento de uma infeção específica. No entanto, os criadores de um medicamento tentam obter a melhor combinação possível de propriedades para uma utilização humana eficaz.

CAPÍTULO 7

➢ Referências

1. Smith, J., N. Safdar, V. Knasinski, W. Simmons, S. Bhavnani, P. Ambrose e D. Andes, **2006.** Agents Chemother, 50(4): 1570-1572.

2. Pasqualotto, A.C., K.O. Thiele e L.Z. Goldani, 2010.Curr. Opin. Investig. Drugs, 11(2): 165-174.

3. Cleary, J.D., J.W. Taylor e S.W. Chapman, **1992.** The Annals of Pharmacotherapy, 26(4): 502-509.

4. Rachwalski, E.J., J.T. Wieczorkiewicz e M.H. Scheetz, **2008.** Ann. Pharmacother, 42(10): 1429-1438.

5. Stokes D E; *Pasteur's Quadrant. Basic Science and Technological Innovation,* Brookings Press, Washington, DC, **1 997.**

6. Cotton F A; *Chem. Eng. News,* 4 e 5 de dezembro **de 2000.**

7. *M* Burger, A. *Medicinal Chemistry,* 3 ed.; Wiley-Interscience: Nova Iorque, **1970;** Vol. Parte 1.

8. Dados da Base de Dados Interactiva sobre Resistência Antimicrobiana do Centro Europeu de Prevenção e Controlo das Doenças (EARS-NET) relativos a **2013.**

9. Moustafa, M. A.; Gineinah, M. M.; Nasr, M. N.; Bayoumi, W. A. H. *Archiv der Pharmazie* **2004,** *337,* 427.

10. Andriole, V. T. *Journal of Antimicrobial Chemotherapy* **1999,** *44,* 151.

11. Coates, A.; Hu, Y.; Bax, R.; Page, C. *Nature Reviews Drug Discovery* **2002,** *1,* 895.

12. Meunier, B. *Contas da Investigação Química* **2007,** *41,* 69.

13. Wilson, C. O.; Beale, J. M.; Block, J. H. *Wilson and Gisvold's Textbook of Organic Medicinal and Pharmaceutical Chemistry,* Lippincott Williams & Wilkins, **2011.**

14. Patrick, G. L. *An Introduction To Medicinal Chemistry, 4/e* Oxford University Press, **2011.**

Printed by Books on Demand GmbH, Norderstedt / Germany